上海公园

特色植物区成果 2020–2022

ACHIEVEMENTS OF
SHANGHAI PARK
FEATURED PLANT AREA

上海公园
特色植物区成果

2020—2022

上海市公园管理事务中心 · 编著

上海科学技术出版社

编委会

Editorial board

导言

近年来，上海市绿化和市容管理局为积极响应上海市市容环境优化“十四五”规划，落实“四化”工作的要求，不断推进公园绿化、彩化、珍贵化、效益化的“四化”建设，提升公园的景观面貌，促进公园特色植物区建设。

为进一步提升上海市公园精细化管理水平，促进公园特色景观打造，形成“一园一品”的景观格局，为市民和游客提供更多优质的游园选择，上海市公园管理事务中心主办评选“上海市公园十大特色植物区”，前往具有代表性的公园特色植物（区）走访评估，着重关注植物长势、养护质量、合理配置、景观效果四个方面，于 2020~2023 三个年度分别评选出特色植物区各十处。

三年来，共有 5 座直属公园和 19 座区属公园获得过“上海十大特色植物区”荣誉，涵盖的植物类型包括乔木、灌木、草本、藤本、水生植物和专类植物等。植物种类不乏中国十大名花中的牡丹、梅花、桂花、月季、荷花和上海市花白玉兰，也有别具本土特色的银杏、海棠、琼花、蜡梅、鸢尾、石蒜、紫藤……植物类型之丰富，可谓“四时之景异也”。

春暖花开时节，你可以来漕溪公园观赏国色天香的牡丹；来黄兴公园游赏成片盛放的海棠；也可以来鲁迅公园赏樱打卡，惊叹于如云似霞、如雨似雪、如冰似水的染井吉野樱花。

Introduction

鸟语蝉鸣的夏季，上海共青森林公园内的八仙花海悉数绽放，氤氲雾气将花园衬得宛如人间秘境，美不胜收；上海古猗园的荷花借典雅优美的园林水景，呈现出独具特色的江南古园魅力，亟待探索。

金风飒飒的暮秋，走进世博公园的银杏林，脚踩金色天然地毯，仰看漫天溢彩流金，惊叹于这抹浪漫秋景；而静安雕塑公园则是呈现别一番风光，层林尽染的红花槭，令人仿佛步入斑斓的秋日童话，雕塑的张扬灵动与红叶的热烈奔放融为一体，相映成趣。

就算在冰清玉洁的冬季，也不乏雅趣之所。莘庄公园的梅花展有傲雪凌霜的梅中珍品，可以窥见梅的冰肌玉骨、清丽超然；而上海唯一一座以蜡梅为主题的真如公园，汇聚了形态各异的蜡梅和盆景，蜡梅一开，幽香彻骨，沁人心脾。

海派盆景以“师法自然，苍古入画”的艺术特点而被公众所喜爱，海纳百川的海派文化在方寸之间表现万千气象，流传至今。珍贵的古树群资源，不仅使参观者一瞥一个多世纪以来申城的风云变幻，更是研究古自然史和树木生理学的宝贵资料。

公园特色植物区是上海市一张亮丽的名片，镌写着上海的风貌与生命力。上海特色植物区还有更多惊喜等待人们去探索……

目录
Directory

乔木

摄影 | 项羽清

1

梅花 *Armeniaca mume*

梅花是蔷薇科杏属（李属）落叶小乔木，叶先端尾尖，叶缘有锯齿；花一般单生，梗极短，香味浓，先叶开放；花色红、粉、白等，花期 2~3 月，果期 5~6 月。梅原产我国南方，按种源分为真梅、杏梅和樱李梅三类，并结合枝型和花部特征分为江梅、宫粉、朱砂、玉牒、龙游、绿萼、黄香、洒金跳枝、垂枝、杏梅、樱李梅 11 个品种群。梅花不畏严寒，开放于冬春之际，以不屈不挠的精神气质获得国人喜爱，是中国十大名花之首，与兰、竹、菊一起列为“四君子”，与松、竹并称为“岁寒三友”。

1 · 世纪公园
2 · 世纪公园
3 · 上海醉白池公园
4 · 上海植物园
5 · 上海醉白池公园
6 · 莘庄公园

2

摄影 项羽清

3

摄影 上海醉白池公园

4

摄影 上海植物园

5

摄影 上海醉白池公园

6

摄影 上海市闵行区绿化园林管理所

摄影：上海市闵行区绿化园林管理所

摄影：上海市闵行区绿化园林管理所

莘庄公园

莘庄公园是坐落于闵行区的综合公园，占地 5.88 公顷。公园以梅花为特色，种植梅花约 750 株，品种 40 多种，尤以绿萼梅而远近闻名。公园每年以梅花为主题，布设梅花展，梅花最佳观赏期为 2 月中旬至 3 月中旬。园内种植各类梅花品种，如双碧垂枝梅、素白台阁、玉垣垂枝等为梅中珍品。园东的梅园和园西的梅苑，是赏梅的主要景点。每逢早春二月，是观赏双碧垂枝绿萼梅的最好时节。绿萼梅枝条穹垂，柔中带刚，花朵白里透绿，以绿萼衬托，素雅芬芳。

摄影 上海市闵行区绿化园林管理所

摄影 上海市闵行区绿化园林管理所

摄影 上海市闵行区绿化园林管理所

摄影 上海市闵行区绿化园林管理所

世纪公园

世纪公园是坐落于浦东新区的综合公园，占地 140.3 公顷。世纪梅园始建于 2005 年，位于世纪公园七号门西侧的风景林区，占地近 50 000 平方米，种植梅花、蜡梅约 2 000 株，其中地栽梅花约 30 个品种，地栽蜡梅 4 个品系，配植湿地松、枫香、香樟、银杏、水杉、桂花、慈孝竹等乔木、灌木为衬托，最佳观赏期为每年的 2 月中下旬至 3 月中旬。世纪梅园共有四个景区：一是梅艺区，种植了多株精品梅花、蜡梅；二是梅海区，以大量梅花的群植形成强烈的视觉冲

摄影 项羽清

摄影 项羽清

摄影 项羽清

摄影 项羽清

摄影 项羽清

击效果，旨在营造香雪海的氛围；三是探梅区，多为孤植的大树梅花和蜡梅，辅以蜿蜒的小路和栈道，营造曲径通幽、闻香寻梅的妙境；四是品梅区，以梅花、蜡梅盆景园——篦愉园为主景。世纪梅园以梅花文化为灵魂脉络，以香雪梅径、红梅片林、美人梅花坡、篦愉园等为形式载体，形成了“十亩梅园，千米锦绣”深具大气豪放之美的中西合璧式现代梅园景观。

摄影 项羽清

摄影 项羽清

摄影 项羽清

摄影 项羽清

摄影 项羽清

静安雕塑公园

静安雕塑公园是坐落于静安区的专类公园，占地 6.41 公顷。静安雕塑公园的园中园——现代梅园，占地 10 000 平方米，精致小巧，园内梅花品种丰富，有美人梅、春意早宫粉、黄枝单瓣白花、东方朱砂、八重唐梅、小绿萼、童颜宫粉、曹王黄香、复瓣黄香等 95 个品种，235 株梅花。每年 2~3 月是梅花盛花期。

园内运用中国传统造园手法与现代园林相结合的方法，精心打造了近万平方米的现代梅园，运用曲折长廊、木栅，采用虚实结合手法，既起到围合空间的作用，又能让游客视线延伸、阻隔，达到更好的赏梅效果。

园内注重花与景的融合，一梅一景，以景衬梅，并将 1 700 余年历史的文化瑰宝“梅花喜神谱”刻于廊壁，呈现给世人了解观赏。“梅花喜神谱”以一名一花一图的文字加绘画形式研究梅花从花芽到全部开放的过程，正所谓“众芳摇落独暄妍，占尽风情向小园，疏影横斜水清浅，暗香浮动月黄昏”，进一步加深了“梅文化”的影响力。长廊水榭上，以孤植梅花、丛植梅花方式进行种植，梅花自成景观又映于景。孤植梅花以墙体为背景搭配梅园，曲桥流水形成一树一景。丛植梅花以各个品种相拥而植，春季开放，繁花似锦，暗香浮动，美不胜收。

梅园中展示了法国雕塑大师蓬塞的三件抽象派的雕塑作品《偶遇》《合流》《一切皆有可能》。雕塑在池边形成浅浅倒影，与梅园整体风格相得益彰，伴着幽幽梅香，别有韵味。园内形色各异的梅花、水池、廊架、曲径园路等艺术结构，让众多摄影爱好者驻足拍摄。

摄影：静安区绿化管理中心

摄影：静安区绿化管理中心

摄影：静安区绿化管理中心

摄影：静安区绿化管理中心

摄影 上海古猗园

1

摄影 上海古猗园

2

摄影 上海醉白池公园

3

摄影 上海醉白池公园

4

推荐公园

1 · 上海古猗园
2 · 上海古猗园
3 · 上海醉白池公园
4 · 上海醉白池公园

摄影 | 项羽清

1

摄影 | 费扬

2

1 · 世纪公园
2 · 顾村公园
3 · 上海动物园
4 · 上海植物园
5 · 上海植物园
6 · 世纪公园

樱花 *Cerasus* sp.

樱花为蔷薇科樱属落叶乔木或灌木，一般指樱属中具有较好观花性樱亚属 Subg. Cerasus 种及相关品种的统称。叶缘有锯齿，伞形、伞房状或短总状花序，花白色、粉红色或红色，花期 2~4 月，果期 5~6 月。樱属全球约 150 种，中国有 50 多种，日本 10 余种。日本最早系统性培育了樱花品种 300 多个，并推广到世界。近年来我国培育樱花品种有近百个，如红粉佳人等早花品种已崭露头角。目前，樱花主要以早花的钟花樱系、中花的江户彼岸系和晚花的日本晚樱等品种为主。樱花树形高大，花朵密集，似云似霞，以浪漫迷人气质成为春分时节人们踏青赏花的焦点树种。

3 摄影 李爽

4 摄影 上海植物园

5 摄影 上海植物园

6 摄影 项羽清

摄影 曹恒律

摄影 费扬

顾村公园

顾村公园是坐落于宝山区的综合公园，国家 4A 级旅游景区，占地 430 公顷。自 2011 年首届上海樱花节举办以来，平均每年吸引百万游客从全国各地纷至沓来，单日最高游客量 18.3 万人次，创下了上海公园游园单日最高客流纪录。现顾村公园樱花种植面积达 100 余公顷，樱花品种 110 种，樱花数量 16 000 余株，面积、品种、数量均为上海之最。公园的樱花景观已逐步形成了一步一景、步移景异的特色："迎宾大道"至"最美樱花大道"串联 10 大赏樱景点，同时，用精品特色樱花品种倾情打造曙光路、胭脂林、松月林、阳光林、飞寒隧道，搭配得春、探樱、寻春等独具中国传统文化特色的景观小品，用心诠释樱花之美。上海樱花节通过十余年的成功举办，不断做深做透大旅游文章，积极打造"樱花风物季"线上购物平台、"十年之恋"樱花广场、樱花 IP 形象征集大赛、樱花文化艺术展示馆特展、小樱广场等，打造"永不落幕"的上海樱花节。

摄影 孙广颖

摄影 费扬

摄影 曹恒律

摄影 费扬

摄影　卢伟明

鲁迅公园

鲁迅公园是坐落于虹口区的综合公园，占地 22.37 公顷，为免费开放公园。公园近十几年来不断增植樱花品种及数量，现已达到一定的规模和观赏效果，每年 3 月下旬至 4 月中旬前来赏樱的游客逐年增加。公园樱花现有四块集中区域，包括四川北路东江湾路地铁 8 号线出站口区域、鲁迅公园中日友好纪念钟区域、鲁迅公园北大山大草坪区域、鲁迅纪念馆前草坪区域。四川北路东江湾路地铁 8 号线出站口区域曾被网上誉为“最美地铁口”。公园现有樱花 700 余株，多以片植和块植的方式种植，品种包括染井吉野樱、普贤象樱、大岛樱。

摄影 郑乐

摄影 郑乐

摄影 宋伟民

摄影 宋伟民

摄影 郑乐

摄影 沈戚懿

1

摄影 沈威懿

2

摄影 沈威懿

3

摄影 沈威懿

4

推荐公园

1 · 上海辰山植物园
2 · 上海辰山植物园
3 · 上海辰山植物园
4 · 上海辰山植物园

摄影 沈成懿

5

摄影 项羽清

6

摄影 静安区绿化管理中心

7

摄影 静安区绿化管理中心

8

推荐公园

5 · 上海辰山植物园
6 · 世纪公园
7 · 静安雕塑公园
8 · 静安雕塑公园
9 · 上海辰山植物园

摄影 沈戚懿

玉兰 *Yulania denudata*

玉兰为木兰科木兰属落叶乔木植物。其树皮深灰色；小枝稍粗壮，灰褐色；叶纸质，基部徒长枝叶椭圆形，叶柄被柔毛，上面具狭纵沟；花蕾卵圆形，直立，芳香；花梗显著膨大，密被淡黄色长绢毛；蓇葖厚木质，褐色；种子心形，侧扁，外种皮红色，内种皮黑色；花期 2~3 月，果期 8~9 月。玉兰因其“色白微碧、香味似兰”而得名，古人把它与海棠、牡丹、桂花并列，合称为“玉堂富贵”。其栽培历史可以追溯到 2 500 年前的春秋战国时期，有屈原《离骚》中“朝饮木兰之坠露兮，夕餐菊之落英”为证。

1 摄影 徐汇区绿化管理中心

2 摄影 徐汇区绿化管理中心

3 摄影 徐汇区绿化管理中心

4 摄影 徐汇区绿化管理中心

摄影 上海市闵行区绿化园林管理所

5

摄影 项羽清

6

摄影 徐汇区绿化管理中心

7

摄影 沈威懿

8

1 · 徐家汇公园
2 · 上海辰山植物园
3 · 上海共青森林公园
4 · 徐家汇公园
5 · 闵行文化公园
6 · 世纪公园
7 · 徐家汇公园
8 · 徐家汇公园

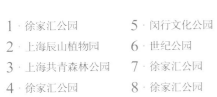

闵行文化公园

闵行文化公园是坐落于闵行区的社区公园，占地 82.98 公顷。公园以玉兰为特色，着力打造成上海市种植玉兰面积最大、数量最多的玉兰专类园。园内种植玉兰 1 500 余棵，以红运玉兰为主，辅以白玉兰、广玉兰、黄玉兰等，种植的品种达到 6 种，针对上海地区玉兰属资源缺乏、适应性差、苗木短缺等问题，在园内丰富玉兰树种，突出市花文化，成为市花新名片。同时优化植物配置，丰富玉兰景观的层次，进行土壤改良，改善玉兰种植立地条件，保障玉兰健康生长。

摄影 | 上海市闵行区绿化园林管理所

摄影 上海市闵行区绿化园林管理所

摄影 上海市闵行区绿化园林管理所

摄影 上海市闵行区绿化园林管理所

摄影 沈咸懿

1

摄影 沈戚懿

2

摄影 项羽清

3

推荐公园

1 · 上海辰山植物园
2 · 上海辰山植物园
3 · 世纪公园

海棠 *Malus* sp.

海棠为蔷薇科苹果属落叶乔木，约有 35 种，广泛分布于北温带，我国有 20 余种。海棠花朵密集，挂果持久，其中西府海棠、垂丝海棠等自古即被我国识别，因“棠”与“堂”同音，常种于庭院，取“玉堂富贵”等美好祝愿之意。除了传统观赏海棠，人们也把近代通过苹果属种间杂交培育的观赏品种统称为现代海棠，主要有垂枝型、龙柱型、复瓣型等观赏特性的品种变化。海棠花芽为混合芽，花叶同放，花期 3~4 月，花色有白、粉、红等，果期 5~12 月，晚春开花，秋冬不落，常吸引鸟类啄食，是春季观花、秋冬观果，丰富园林景观季相变化的主要树种。

摄影 | 周红

1

摄影 | 臧军

2

摄影 | 肖怡雯

3

1 · 三星海棠左岸
2 · 人民公园
3 · 海棠公园
4 · 黄兴公园
5 · 黄兴公园
6 · 海棠公园
7 · 上海动物园
8 · 龙泉港公园

摄影 施克敏
4

摄影 施克敏
5

摄影 肖怡雯
6

摄影 李爽
7

摄影 庄毅
8

人民公园

人民公园坐落于黄浦区，地处上海市中心最繁华地区，占地 9.82 公顷。自 2015 年起，在园内东南腹地的原百花园的基础上进行了景观改造，大面积种植海棠，并历时四年不断优化植物种群的配置，最终形成了总面积 4 800 平方米的海棠主题园。

海棠主题园景区以垂丝海棠为主要品种，配以贴梗海棠、西府海棠、木瓜海棠、湖北海棠和北美海棠，共计 6 个品系 1 500 余株。为使海棠主题园在每年 3 月中旬至 4 月上旬的最佳观赏期呈现最好的面貌，使自然生长型树冠能达到理想开花效果，园艺师们对全冠型修剪手法探索、提炼的心得是：每年 3 次分期修剪——花后多枝闭心型修枝、秋后秋稍整型修剪和春季疏弱修剪，避免枝条营养消耗过大，达到理想开花状态；在肥水管理上通过花后、秋季、早春三个时间节点进行磷钾肥薄肥勤施，使花期延长、花朵更艳。

2017 年，黄浦绿化部门在总结前三年建设经验的基础上，提出以“海棠文

摄影 周佳佳

化节”为平台开拓延伸产品与服务的构想。通过点、线、面来串起富有个性化的人民公园海棠花语，以“海棠遇见你”为主旋律举办海棠文化节，并每年设置一个园艺展示活动主标题。每当三月底的“垂丝海棠”盛花期来临时，众多海内外游客纷至沓来，赏海棠、品海棠，参与海棠文化游园体验活动。

让市民赏花并参与系列文化活动的同时，海棠文化节已经成为展示城市园艺的一道风景线；成为人民公园独特的艺术文化标签；成为倡导绿色生态、文明游园理念的平台。

在现今“公园城市”建设的背景下，公园通过吸纳体育、文化、音乐、艺术、戏曲、红色资源等诸多元素，不断拓展主题游园的功能和内涵，并以此为契机，通过与上海大学上海美术学院的紧密合作，为海棠节活动注入了新意，丰富了内容，让活动有了更为浓厚的艺术气息和青春的活力，增加了广大市民游客游园的幸福感和获得感。

摄影 | 臧军

摄影 周佳佳

摄影 周佳佳

摄影 臧军

摄影 臧军

摄影 臧军

摄影 臧军

黄兴公园

黄兴公园是杨浦区的最大的区属综合性公园，占地面积为 39.86 公顷。海棠林位于营口路大门六米大道左侧，约 6 000 平方米。种植了 1 000 余株各类海棠，以垂丝海棠为主。每年 3 月下旬至 4 月中上旬为最佳观赏期。公园近年来以精细化养护为核心，不断优化提升绿化布局，致力于打造杨浦区最具特色、规模最大的海棠景观。从最开始的“带”向“块”转变，再将“林”打造成一座海棠园。此外，在道路两侧点缀了喷雪花、绣线菊、金钟花等各类宿根花卉植物，进一步丰富海棠林周边景观。一年一度的海棠园艺文化活动也极具特色，深受游客的喜爱。每到春天，成片的海棠加上多种春花类植物林，无论是高空鸟瞰还是置身其中，都是一片色彩斑斓的美景。徜徉在花海中让游客身临其境地感受到“漫步海棠中，人在花中行”。

摄影 严潘

摄影 蔡哲媛

摄影 施克敏

摄影 施克敏

摄影 施克敏

推荐公园

1 · 上海动物园

2 · 三星海棠左岸

摄影 李爽

1

2

摄影 周红

2

摄影：俞佳

1

摄影：上海植物园

2

摄影：上海植物园

3

1 · 爱思儿童公园
2 · 上海植物园
3 · 上海植物园

红花槭 *Acer rubrum*

红花槭为无患子科槭属落叶乔木，原产于北美东部地区，在原产地高可达 30 米左右。叶片对生，叶掌状 3~5 裂，叶背有白粉，先花后叶。红花槭喜欢阳光充足的环境，生长势旺盛，属于速生树种，耐空气污染，喜欢湿润排水良好的土壤。秋季随着气温下降，叶色变为黄色、红色等，可作为秋色叶树种栽培观赏。红花槭树干挺拔，也可用作行道树。常见的品种有秋焰、壮丽十月等。

摄影｜静安区绿化管理中心

摄影｜静安区绿化管理中心

摄影｜静安区绿化管理中心

摄影 静安区绿化管理中心

静安雕塑公园

静安雕塑公园是坐落于静安区的专类公园，占地 6.41 公顷。静安雕塑公园于 2004 年引进红花槭特色观叶植物作为试点研究，也是目前上海市中心规模最大、保存最佳的秋季赏枫胜地。每到秋季，立于静安雕塑公园的“色叶精灵”——红花槭悄然露脸，在深秋绽放最绚丽的色彩。一般在每年 11 月下旬进入最佳观叶期，20~30 天，持续浓烈的红色也展现出了静安雕塑公园的热情与好客。静安雕塑公园的红花槭分布在树阵广场、花瓣路和成都北路。其中最为集中的位于北京西路沿线涌泉边的广场上，种植数量约为 50 棵。值得一提的是，树阵空间中陈列了“世界四大雕塑家”之一、法国著名雕塑大师阿曼·皮埃尔·费尔南德兹的“音乐系列”雕塑。雕塑与红叶融为一体，相映成画。

推荐公园

1 · 爱思儿童公园

2 · 爱思儿童公园

摄影：俞佳

1

摄影 | 俞佳

2

摄影 张华平

1

摄影·上海植物园

2

摄影·上海市闵行区绿化园林管理所

3

摄影·郑乐

4

槭属植物 *Acer* L.

槭属植物隶属无患子科，多为落叶乔木或小乔木，属下植物大多树形优美，枝条飘逸，具有较高的观赏价值，常被用作庭院树种、景观树种或行道树进行栽培。槭属植物适应性广泛，喜欢湿润排水良好的土壤条件。属内许多植物为世界著名的观叶树种，常做秋色叶、春色叶及三季观叶树种应用。园艺品种众多，多集中在叶片颜色及叶片形状的变化上。上海城市公园常见栽培展示的有鸡爪槭、红枫、元宝枫、三角枫、红花槭等秋色叶树种。

1 · 秋霞圃
2 · 上海植物园
3 · 红园
4 · 鲁迅公园

摄影 张华平

摄影 张华平

摄影 张华平

摄影 张华平

秋霞圃

秋霞圃清镜塘景区共栽植 2 500 平方米槭树科植物，包括青枫、羽毛枫、红枫共 151 棵秋色叶树种。每年 12 月前后，叶色变红，高低错落的大片红叶，给人一种层林尽染、漫山红遍的美感，吸引着大量游客慕名而来赏枫。为进一步提升枫林的景观品质，打造枫林全方位视角景观空间感受，秋霞圃结合枫林原有坡地、临水等立地条件，对枫林北侧、东侧的临水青枫、红枫进行移植调整，并根据调整后的空缺景观视角，特地从全国各地苗木市场中觅得适合株型的红枫和青枫加以补植，同时，加强精细化养护提升枫林全方位景观。

摄影　张华平

摄影　张华平

摄影　张华平

摄影 晏姿

1

推荐公园

1 · 上海共青森林公园
2 · 99 广中绿地
3 · 桂林公园
4 · 济阳公园
5 · 鲁迅公园

2 摄影 静安区绿化管理中心

3 摄影 徐汇区绿化管理中心

4 摄影 薛雨晴

5 摄影 郑乐

银杏 *Ginkgo biloba*

银杏是银杏科银杏属高大落叶乔木，树冠圆锥形；叶扇形，独特的二裂形状形似鸭掌，秋季落叶前变为金黄色；雌雄异株，雄株长出的微小球果含有花粉，而雌株结有硬壳并被一层肉质外皮覆盖的种子，种子成熟时外皮呈浅黄色，外表和大小都与杏相仿，有臭味。银杏为中生代孑遗的稀有树种，系我国特产，仅浙江天目山有野生状态的树木，各地均有栽培数百年或千年以上的老树。银杏树形优美，叶形奇特，秋色叶金黄，耐污染和病害，雄株是完美的城市绿化树种，可避免雌株果实散发异味的问题，是优良的行道树和庭院树。

摄影 蒋悦栋

1

摄影 邵昌峰

2

摄影 邵昌峰

3

1 · 世博公园
2 · 上海千年古银杏园
3 · 小河口银杏园

世博公园

世博公园占地约 23 公顷。原址是上钢三厂和江南造船厂，两座塔吊被保存下来，公园于 2010 年建成开放。在紧邻世博中心的骑行道旁，种植着 39 株气势恢宏的银杏，单株银杏胸径约 25 厘米，11 月末至 12 月初是银杏的最佳观赏期。刮北风的时候，银杏树金黄的叶子开始飞舞，那样子可真是美极了：一阵风吹过，金黄色的银杏叶像快乐的蝴蝶一样，成群结队地飞起来，它们忽而旋转，忽而高飞，忽而轻轻降落……随风飘落的树叶，让这一景观更加美丽。

摄影 蒋悦栋

摄影 蒋悦栋

摄影 蒋悦栋

摄影 蒋悦栋

摄影 蒋悦栋

摄影｜邵慧峰
1

摄影｜邵慧峰
2

推荐公园

1 · 小河口银杏园
2 · 小河口银杏园
3 · 上海千年古银杏园
4 · 上海千年古银杏园

摄影 邵慧峰

3

摄影 邵慧峰

4

摄影 | 顾苗

摄影 | 顾苗

古树群

金山公园

金山公园占地 2.27 公顷，由清朝末年风景林原址改建而来，于 1982 年正式开放。园区现有上海市古树示范点两处，文物保护点两处，古树 14 株，后续资源 7 株。古树分布相对集中，北银杏，南香樟，13 株三角枫自西向东呈一字形有序排列，且有多棵香樟及三角枫已达后续资源标准。银杏古树保护区经改造扩建后，配以观赏型花卉，形成了以古树为中心，集休闲、锻炼、赏花于一体的区域。古树四季可赏，苍劲的枝干、遮天蔽日的枝叶，承载了一代代回忆。

摄影 顾苗

摄影 朱泾社区报

摄影 顾苗

摄影｜朱泾社区报

摄影｜顾苗

摄影｜顾苗

摄影 朱泾社区报

1 摄影 | 徐汇区绿化管理中心

2 摄影 | 臧军

3 摄影 | 静安区绿化管理中心

4 摄影 | 静安区绿化管理中心

摄影 臧军

5

6

摄影 中山公园

摄影 张华平

7

推荐公园

1 · 漕溪公园
2 · 复兴公园
3 · 静安公园
4 · 静安公园
5 · 复兴公园
6 · 中山公园
7 · 汇龙潭公园

灌木

蜡梅 *Chimonanthus praecox*

蜡梅为蜡梅科蜡梅属落叶灌木，蜡梅属植物为我国特有属，所有种类均分布于我国。现有 6 个野生种：蜡梅、山蜡梅、柳叶蜡梅、西南蜡梅、浙江蜡梅和突托蜡梅。通常观赏蜡梅主要指蜡梅及其分化出的素心蜡梅品种群、乔种蜡梅品种群和红心蜡梅品种群。蜡梅花单生于小枝叶腋，花梗极短，被黄色，带蜡质，具芳香，每年 12 月至次年 3 月开花。蜡梅作为中国重要的传统名花，有着悠久的栽培历史，其端庄高雅，凌霜傲雪，芳香扑鼻，在万花凋谢的数九寒天，唯其一枝独秀，是冬季观赏主要花木。

摄影 项羽清

1

摄影 项羽清

2

摄影 肖怡雯

3

1 · 世纪公园
2 · 世纪公园
3 · 真如公园
4 · 真如公园

摄影 · 肖怡雯

4

摄影：肖怡雯

摄影 肖怡雯

摄影：肖怡雯

真如公园

真如公园是坐落于普陀区的社区公园，占地 2.66 公顷，因蜡梅特色而在普陀区闻名遐迩。真如公园 1 126 株蜡梅独占鳌头，仅地栽数量就达到 6 350 平方米，分为一科三属七种 59 个品种。其中品种数量最多的为蜡梅属素心蜡梅，共计 725 株，美国蜡梅有 102 株，亮叶蜡梅 47 株，柳叶蜡梅 30 株，其他小规模品种达到 222 株。真如公园蜡梅最佳观赏期在 1 月上旬至 2 月中旬。一个多月的盛花期，纯黄色、金黄色、淡黄色、深黄色、紫黄色，不同品种的蜡梅此起彼伏，竞相开放，或浓或雅，各自香气诱人，吸引众多市民来园游览。

摄影 肖怡雯

摄影　上海古猗园

1

摄影　上海古猗园

2

推荐公园

1 · 上海古猗园
2 · 上海古猗园
3 · 上海醉白池公园
4 · 上海醉白池公园
5 · 世纪公园
6 · 世纪公园

摄影　上海醉白池公园

3

4 摄影 上海醉白池公园

5 摄影 项羽清

6 摄影 项羽清

桂花 *Osmanthus fragrans*

桂花是木樨科木樨属常绿灌木或小乔木。叶片革质，全缘或叶片中上部有稀疏锯齿；花小而密集且芳香，聚伞花序簇生叶腋，花冠颜色有黄白色、淡黄色、黄色、橘红色等。桂花喜欢肥沃湿润且排水良好的土壤，喜欢全光照至半阴的生长环境。桂花是我国唯一拥有国际品种登录权的十大传统名花，栽培历史悠久，园艺品种众多，根据花期和花色分为金桂品种群、银桂品种群、丹桂品种群、四季桂品种群四大类。每年的金秋是赏桂的最佳时节，闻桂花香、饮桂花酒、品桂花糕是我国历来的传统。

摄影 黄浦区绿化管理所

1

摄影 上海古猗园

2

摄影 上海古猗园

3

1 · 古城公园
2 · 上海古猗园
3 · 上海古猗园
4 · 上海植物园
5 · 古城公园

摄影 上海植物园

4

摄影 黄浦区绿化管理所

5

桂林公园

桂林公园是坐落于徐汇区的综合公园和历史名园，占地 3.55 公顷，是上海市区赏桂的最佳胜地。1991~1992 年，公园在原有 600 多棵桂花树的基础上，分别从我国江西、四川、湖北、广西等地大量引进新的桂花品种，使园内的桂花品种更趋丰富多样，目前园内植有 1 000 多株，共 23 个品种。桂林公园现有金桂品种群、银桂品种群、丹桂品种群和四季桂品种群。每逢中秋佳节，桂花盛开，满园飘香，景色宜人。最佳赏桂期为 9 月中下旬。

摄影 张斌

摄影 张斌

摄影 张斌

摄影 上海古猗园

1

推荐公园

1 · 上海古猗园

2 · 古城公园

2

摄影 黄浦区绿化管理所

杜鹃 *Rhododendron simsii*

杜鹃是杜鹃花科杜鹃花属的落叶灌木，高 2~5 米，分枝多而纤细。叶为革质，常聚集生在枝端；花冠呈阔漏斗形、倒卵形，一般 2~6 簇生于枝顶，有玫瑰色、鲜红色或暗红色，花期 4~5 月，果期 6~8 月。杜鹃花属是北温带地理成分中最大的木本植物属，全球 900 余种，主产东亚及东南亚。中国杜鹃花属植物有 576 种（特有种 409 种），其中 80% 分布在川、滇、藏所在的横断山和东喜马拉雅地区，该区是杜鹃花属的现代分布中心与多度中心。杜鹃花属植物大多株形优美，花大艳丽，素有“木本花卉之王”的美誉。

摄影｜上海滨江森林公园

1

1 · 上海滨江森林公园
2 · 上海古猗园
3 · 方塔园
4 · 济阳公园
5 · 济阳公园
6 · 长风公园

摄影 上海古猗园

2

摄影 于洁

3

摄影 方克敏

4

摄影 于克龙

5

摄影 苏诗杭

6

上海滨江森林公园

上海滨江森林公园坐落于浦东新区高桥镇崇景路 10 号，占地 114.25 公顷。作为距离市区最近的森林公园，绿化覆盖率达 85% 以上，园内的杜鹃园为华东地区面积最大，也是全国公园内最大的杜鹃园。自 2007 年开园以来，杜鹃就是上海滨江森林公园的特色花卉。主展区杜鹃园位于公园的中心位置，总面积约 6.67 公顷。花开时节，整个杜鹃山花团锦簇，暗香绵延，直叫人“沉醉不知归路”，游客可身临其境感受山花烂漫的群体美。沿着杜鹃花坡一路上山，杜鹃花

摄影：上海滨江森林公园

摄影：上海滨江森林公园

开遍地，一步一景，让人置身花海，杜鹃之上的天池瀑布水帘垂挂，壮观秀美。俯视整个杜鹃山，紫、粉、红、白、黄五大色系美艳无比，让人目不暇接。杜鹃山模拟杜鹃自然生境而建，整个山体因势而起，以天然龟纹石为骨架，以瀑布、溪流为脉络，山形起伏，森林密布，槭树、朴树、红枫、喜树、鹅掌楸构成四季景致，大面积的各类杜鹃在林下混栽，营造出春景秋色的自然景观，值得一看。最佳观赏期 4 月中旬至 5 月上旬。

摄影 上海滨江森林公园

摄影 上海滨江森林公园

摄影 上海滨江森林公园

摄影 | 上海滨江森林公园

摄影 | 上海滨江森林公园

摄影：上海古猗园

1

推荐公园

1 · 上海古猗园
2 · 上海古猗园
3 · 济阳公园
4 · 济阳公园

摄影：上海古猗园

2

摄影：宋华健

3

摄影 宋华健

4

摄影 苏诗杭

5

推荐公园

5 · 长风公园
6 · 长风公园
7 · 方塔园
8 · 方塔园

摄影 苏诗杭

6

摄影 于洁

7

摄影 于洁

8

摄影 于洁

1

琼花 *Viburnum macrocephalum f. keteleeri*

琼花为五福花科荚蒾属的灌木。叶片对生，半常绿或落叶；聚伞花序生于枝顶，中间的可孕花小而密，花序周围是一圈大型白色不孕花，恰似一群蝴蝶翩翩起舞；果实于秋季由绿色转为红色，果实饱满，果量密集，非常具有观赏价值。琼花对光照要求不严，在全光照下或半阴环境下均能良好生长，喜欢湿润排水良好且肥厚的土壤。琼花是江南地区著名的观花观果树种，其花形奇特，花色洁白，历史上被视作珍异花木，不少文人墨客撰写下赞美的诗句，扬名于扬州，现为扬州市花。

5 摄影 晏姿

6 摄影 晏姿

2 摄影 上海植物园

3 摄影 俞佳

4 摄影 于洁

1 · 方塔园
2 · 上海植物园
3 · 凉城公园
4 · 方塔园
5 · 上海共青森林公园
6 · 上海共青森林公园

摄影 于洁

方塔园

"琼花苑"，位于方塔园东北角区域，总用地面积约 1 000 平方米，是以观赏琼花为主的专类小苑，苑内琼花共 144 株，品种主要有天目琼花和扬州琼花，最佳观赏期为 4 月中下旬。为了使琼花花期过后苑内仍有花可观、有景可赏，优选了同科欧洲荚蒾、粉团等植物。琼花淡雅的风姿和独特的风韵与公园简远、疏朗、雅致、天然的宋代文人园林风格与意境一致，形成园内园艺特色。

摄影 于洁

摄影 于洁

摄影 于洁

摄影 于洁

摄影 于洁

摄影 于洁

月季 *Rosa chinensis*

月季是蔷薇科蔷薇属多年生常绿或落叶灌木，又称“月月红、长春花”。叶互生，叶边有锐锯齿，无毛，表面有光泽，茎具钩刺或无刺。果实卵圆形或梨形，熟时红色。花期 4~11 月，果期 6~11 月。中国是月季的主要原产地，栽培历史悠久，优良品种繁多，色彩丰富艳丽，花容花姿秀美，芳香馥郁宜人，四季反复开花，被誉为“花中皇后”，深受世界人民的喜爱。目前，月季已成为国内许多城市的形象代言，北京等 76 个城市把月季作为市花。比利时等国家把月季作为国花。

1 · 荟萃园
2 · 中山公园
3 · 中山公园
4 · 中山公园
5 · 中山公园
6 · 荟萃园
7 · 长风公园
8 · 复兴公园

1 摄影：金山区园林管理所

2 摄影 郑婷婷

3 摄影 郑婷婷

4 摄影：郑婷婷

5 摄影 郑婷婷

6 摄影 金山区园林管理所

7 摄影：苏诗杭

摄影 臧军

摄影 沈威懿

上海辰山植物园

上海辰山植物园是坐落于松江区的专类公园，占地 207 公顷。月季是上海辰山植物园的特色花卉之一，园区重点收集了各类月季 1 000 余种（含品种），采用花坛、花境、廊架、花墙、欧式种植池等应用形式，通过孤植、丛植、片植等配置手法，展示了不同类型月季 3.4 公顷近 20 000 株，形成了色彩斑斓、花开满园的热闹氛围。每逢双年举办一届月季展，全方位展示月季的历史、文化、艺术及工业价值。每年 5 月和 10 月为最佳观赏期，是人们领略月季多元化发展的最佳胜地。

摄影 沈戚懿

摄影 沈戚懿

摄影 周丹燕

摄影 沈戚懿

摄影：周丹燕

摄影：沈咸懿

摄影 · 沈戚懿

上海滨江森林公园

上海滨江森林公园有 3 400 平方米的“月季花海”和 2 000 米的“月季花墙”，花期 5 月至 11 月上旬。特别是滨江全长 2 000 米的“月季花墙”全部采用“安吉拉”品种，色调统一，具有极强的观赏效果和视觉冲击力，为滨江岸线的春光增添了一抹鲜活的生命韵律，已成为“小红书”等社交平台上婚纱摄影的网红打卡地之一。上海滨江森林公园月季园从几十个品种增加到 100 个品种，主要包括：荣光、吉祥、梅郎口红、绿野、黄和平、红双喜、摩纳哥公主、金奖章、绯扇等。在设计上，月季园营造了高低起伏的地形，一方面有利于土壤排水，另一方面可以让游客从不同高度、不同视角去欣赏每一个月季品种，还精心设计了花丛小径，供游客在花丛中识花、拍照、打卡。

游览月季园还有一种独特的方式，那就是坐一坐上海唯一 7 英寸的缩小仿真电动火车，穿梭繁花璀璨月季花丛和月季拱廊中，沉浸式体验盛放，被浪漫与欢乐包围，体验生活的闲适美好。

摄影｜上海滨江森林公园

摄影 上海滨江森林公园

摄影 上海滨江森林公园

摄影 上海滨江森林公园

摄影 上海滨江森林公园

摄影 上海滨江森林公园

1 摄影 臧军

2 摄影 李爽

3 摄影 苏诗杭

4 摄影 俞佳

5 摄影 顾村公园

推荐公园

1 · 复兴公园
2 · 上海动物园
3 · 长风公园
4 · 曲阳公园
5 · 顾村公园
6 · 复兴公园
7 · 荟萃园

摄影 臧军

6

摄影 金山区园林管理所

7

牡丹 *Paeonia×suffruticosa*

牡丹是芍药科芍药属多年生落叶灌木，茎高为 0.5~2 米，二回三出复叶，花单生枝顶，花瓣 5 或重瓣，革质花盘，心皮多为 5，密生柔毛，蓇葖长圆形，密生黄褐色硬毛。上海地区花期从 3 月下旬至 4 月中下旬，相对集中在 4 月上旬，果期 5~8 月。牡丹历来有“国色天香”“百花之王”的美誉，是在国内外有着深远影响的传统名花，花大而香、色泽艳丽、花型丰富，具有极高的观赏价值，同时也具有重要的药用价值和油用价值。它在我国有着悠久的栽培应用历史，栽培范围由黄河、长江流域向全国扩大，已扩展到东北、内蒙古、新疆、西藏、台湾等地，品种数量过千，新品种也层出不穷，深受人们喜爱。上海地区种植的牡丹常见为 3 个品种群：江南品种群、中原品种群、国外品种群（主要为日本、法国、美国）。

1 · 上海醉白池公园
2 · 上海醉白池公园

摄影 | 上海醉白池公园

1

摄影 上海醉白池公园

2

摄影 徐汇区绿化管理中心

漕溪公园

漕溪公园是坐落于徐汇区的社区公园，占地 3.87 公顷。在 1996 年结合改建，从安徽宁国及山东菏泽引进 800 余株牡丹，逐步形成以牡丹为特色的公园。园内有 8 株年逾 120 年的百年牡丹古树名木较为闻名。自 2015 年以来，漕溪公园又多次引进日本牡丹，丰富了牡丹品种，花色方面也增加了黑牡丹、黄牡丹等。目前，园内有近 20 个品种，600 余株牡丹，近 400 平方米花坛面积。牡丹由于品种不同，花期也有所不同，最早一批早花以单瓣系列为主，中晚花在四月陆续盛开，每年清明前后前来观赏的游客络绎不绝，也是观赏牡丹花的最佳时期。

摄影 徐汇区绿化管理中心

摄影 徐汇区绿化管理中心

摄影 徐汇区绿化管理中心

1 摄影 上海古猗园

2 摄影 上海古猗园

3 摄影 臧军

推荐公园

1 · 上海古猗园
2 · 上海古猗园
3 · 人民公园
4 · 长风公园

摄影 苏诗杭

4

摄影 上海醉白池公园

5

6 摄影 苏诗杭

推荐公园

5 · 上海醉白池公园
6 · 长风公园
7 · 上海大观园
8 · 上海醉白池公园
9 · 上海大观园

7 摄影 上海大观园旅游发展有限公司

8 摄影 上海醉白池公园

9 摄影 上海大观园旅游发展有限公司

绣球 *Hydrangea macrophylla*

绣球也称大叶绣球、八仙花，隶属于虎耳草科（APGIII 系统划为绣球花科）绣球属，为著名的落叶花灌木。据记载，远在唐朝就有浅蓝色和浅粉色的绣球园艺品种的使用。株型低矮、紧凑，夏季 5 月中旬开花，花期长达一个多月，花序大，色彩丰富，能显著增加景观色彩的丰富性和层次感，具有较高的园艺观赏价值，是应用最广的绣球属植物。

据中国植物志中描述，绣球属植物在国内分布广泛，北到山东，南至广东、广西，中部的湖南、湖北，西南到云南、贵州、四川均有分布。在园艺应用上同属的还有圆锥绣球、乔木绣球和栎叶绣球。绣球植物品种丰富，目前绣球已经是继玫瑰、康乃馨、百合、洋桔梗、非洲菊五大鲜切花之后发展最为迅猛的第六大鲜切花种类，市场前景广阔。

1

摄影 上海滨江森林公园

摄影 上海滨江森林公园

2

摄影 上海滨江森林公园

3

摄影 晏姿

4

摄影 晏姿

5

摄影 晏姿

6

1 · 上海滨江森林公园
2 · 上海滨江森林公园
3 · 上海滨江森林公园
4 · 上海共青森林公园
5 · 上海共青森林公园
6 · 上海共青森林公园

上海共青森林公园

上海共青森林公园是坐落于杨浦区的专类公园，占地 124.74 公顷。八仙花主题园为沪上首个八仙花专类主题花园，占地 7 000 余平方米。八仙花主题园的功能丰富多样，包含品种区、观景区、禅意区及休闲区四个功能区，以八仙花作为主题花卉，共种植 70 余种 15 000 余株颜色各异的八仙花。通过引入白色拱门、禅意茅亭、规则式绿篱等设计元素，采用生态自然的设计手法，营造出兼具欧式浪漫风情和禅秘幽深意境的特色八仙花主题园。同时，园中应用了喷雾装置，游客漫步于烟雾缭绕的主题园，飘然欲飞，仿佛置身于仙境一般，为主题园增添了浪漫梦幻的景观效果，以及独特的游园体验。八仙花主题园的最佳观赏期为 5 月下旬到 6 月下旬。

摄影：晏姿

摄影 晏姿

摄影 晏姿

摄影 晏姿

摄影 晏姿

1 摄影 上海滨江森林公园

2 摄影 张磊

3 摄影 上海滨江森林公园

4 摄影 俞佳

推荐公园

1 · 上海滨江森林公园
2 · 江湾公园
3 · 上海滨江森林公园
4 · 江湾公园

推荐公园

5 · 上海辰山植物园
6 · 上海古猗园
7 · 上海辰山植物园
8 · 上海古猗园

5 摄影 张宪权

6 摄影 上海古猗园

7 摄影 沈咸懿

8 摄影 上海古猗园

草本

鸢尾 *Irises*

鸢尾是鸢尾科鸢尾属宿根草本花卉，种类繁多，全世界约300种，主要分布于北半球温带地区。中国约有60种，其中21种为特有种。鸢尾属植物分布广泛，习性多样，植株高度5~200厘米，在向阳坡地、荫蔽林下、贫瘠干旱地、湿地都能看到它们美丽的身影。鸢尾育种工作从20世纪20年代开始迅猛发展，经过园艺工作者100多年的不懈努力，目前已有7万余个园艺品种，根据形态特征和分布范围，可以分为日本鸢尾（花菖蒲）、路易斯安那鸢尾、有髯鸢尾、西伯利亚鸢尾、琴瓣鸢尾、冠饰鸢尾、荷兰鸢尾等主要鸢尾园艺类群。鸢尾可用于专类园、花田、花坛、花境、岩石园、水景、地被和庭院等不同绿化形式，还可用于盆栽和切花欣赏。

摄影 沈戚懿

1

摄影 · 沈威懿

2

摄影 · 张磊

3

摄影 · 晏姿

4

摄影 · 沈威懿

5

摄影 · 奉贤区绿化管理所

6

1 · 上海辰山植物园
2 · 上海辰山植物园
3 · 和平公园
4 · 上海共青森林公园
5 · 上海辰山植物园
6 · 泡泡公园

摄影 奉贤区绿化管理所

泡泡公园

泡泡公园位于奉贤区上海之鱼，占地 17.39 公顷。公园在沿浦南运河河岸低洼处打造了一处占地 3 500 平方米的鸢尾花田，品种以路易斯安娜与混色花菖蒲为主，共选用了劳拉（黄色）、红瑞特（红色）、现在与永远（蓝色）、白色恋人（白色）、黑色斗鸡（紫黑色）5 个品种，共计 56 000 株。路易斯安娜鸢尾喜全日照的光照环境、喜水湿、喜肥，花期 5 月上旬至 6 月上旬，采用组团的植物造景方式，利用原有水田地形，打造片状鸢尾景观，充满野趣的亭子掩映在花丛与池杉、落羽杉之中，花田中一畦畦“田埂”是儿童奔跑、嬉戏的好去处，也是拍照取景的绝佳点位。当微风吹来，吹开满田芬芳，奏响一曲清香。

摄影 奉贤区绿化管理所

摄影 奉贤区绿化管理所

摄影 奉贤区绿化管理所

摄影 奉贤区绿化管理所

摄影 奉贤区绿化管理所

摄影 | 晏姿

上海共青森林公园

上海共青森林公园是坐落于杨浦区的专类公园，占地 124.74 公顷。鸢尾景观区域面积约 3 000 平方米，种植近 50 个鸢尾品种，主要有路易斯安娜鸢尾、花菖蒲、西伯利亚鸢尾等，囊括蓝、白、紫、粉、黄等不同色系，最佳观赏期为 4 月中旬至 6 月中旬。该景观的设计定位为初夏水岸鸢尾特色景观，意在依托原有特色水景（华明桥东侧及园内几处河岸景观等区域）为市民游客打造一处初夏时节赏花赏水景的特色景观空间。水岸鸢尾景观的亮点在华明桥区域，两侧河岸线采用色块的形式种植花色各异、高低错落的多种花菖蒲，形成了五彩斑斓、层次丰富的花菖蒲花海景观。同时，为了提升水岸鸢尾景观的可达性以及游客的游园体验，景观中还特意留有一条蜿蜒纵深的游赏汀步，紧靠园内水系，使得游客可以零距离亲水赏景。初夏时节，漫步于此，看一朵朵鸢尾花绽放在欣欣绿意中，轻盈如蝶，微风拂过，阵阵清香沁人心脾。

摄影 孙定娟

摄影 | 晏姿

摄影 | 晏姿

摄影 | 潘坤贤

摄影 李睿杰

摄影：沈戚懿

1

摄影：沈戚懿

3

摄影 俞佳

2

摄影 张磊

4

推荐公园

1 · 上海辰山植物园
2 · 和平公园
3 · 上海辰山植物园
4 · 和平公园

石蒜 *Lycoris radiata*

石蒜又叫红花石蒜，是石蒜科石蒜属多年生草本，具地下鳞茎。鳞茎近球形，伞形花序顶生，小花 4~7 朵，鲜红色；花被裂片狭倒披针形，强烈皱缩和反卷。雄蕊 6 枚，显著伸出于花被外，比花被长一倍左右；雌蕊 1 枚，花柱长，亦突出。叶于花后生出，深绿色狭带形，中间有粉绿色带。中国植物志上记载石蒜属在全世界有 20 余种，主要分布在中国和日本，少数产于缅甸和朝鲜，为典型的东亚特有属。其中以中国分布最多，约有 15 种，2 个变种。石蒜属内植物花色丰富，有红、白、粉、黄及复色系，花期 7~10 月，花形奇特多变，近年来在上海及江浙地区，园林绿地应用日趋广泛。

摄影｜晏姿

1

摄影｜寿海洋

2

3
摄影 · 上海植物园

4
摄影 · 晏姿

5
摄影 · 上海植物园

6
摄影 · 晏姿

1 · 上海共青森林公园
2 · 上海辰山植物园
3 · 上海植物园
4 · 上海共青森林公园
5 · 上海植物园
6 · 上海共青森林公园

上海植物园

上海植物园位于徐汇区西南部，1974 年起筹建，占地 81.8 公顷，是一个以植物引种驯化、科学研究、园艺展示及科普教育为主的综合性植物园。上海植物园陆续在盆景园、水杉大道、单子叶展区、槭树园、牡丹园、梅林等区域，种植了十二种花期各不相同的石蒜，花期从每年 7 月中下

摄影 上海植物园

摄影 上海植物园

摄影 上海植物园

摄影 上海植物园

摄影 上海植物园

摄影 上海植物园

旬持续到 9 月底。通过与其他植物组合种植和经过多年的引种培育积累，弥补了石蒜“花开不见叶”时地表空秃的不足，在林下呈现了季相变幻的花海效果。除了林下空间，草坪、河畔也遍布着它们的身影。

摄影 晏姿

1

推荐公园

1 · 上海共青森林公园

粉黛乱子草

Muhlenbergia capillaris Regal Mist（‘Lenca’）

粉黛乱子草是禾本科乱子草属多年生暖季型草本植物，全世界约155种，自然分布于北美洲。我国约有6种，生长于草地、荒原或开阔林地的沙砾土壤中。喜光，耐旱，宜春季进行播种或分株繁殖，株高可达1米。8月中旬陆续开花，花期可延续至11月中旬，圆锥花序庞大、繁密，呈云雾状顶生于叶丛之上，初绽时粉色，逐渐变为粉红色，干枯时淡米色。单株即有良好的景观，可孤植或盆栽观赏，三五株丛植或大面积片植更能获得梦幻般的效果，盛开时如云霞一般，观赏效果极佳。

1 · 世纪公园
2 · 顾村公园

摄影 项羽清

1

摄影 费扬

2

摄影：俞佳

摄影 俞佳

摄影 俞佳

摄影 俞佳

摄影 俞佳

彩虹湾公园

彩虹湾公园是坐落于虹口区北部的社区公园，占地 1.64 公顷，2017 年 12 月 29 日建成并对外开放。公园内的粉黛乱子草是公园的特色植物，种植面积为 2 000 多平方米，主要分布在公园入口小山坡处、铁网桥旁、彩虹廊架几块区域。粉黛乱子草喜光照，生长适应性较强，耐水湿，耐干旱，耐盐碱。花期在 9 月中旬至 11 月中旬，金秋十月是它的最佳观赏期。成片种植的粉黛乱子草在盛花期呈现的效果如同粉色的花海，花穗连成一片，随风摇曳，呈现出如梦似幻的效果，惹人注目。

摄影　费扬

1

摄影 费扬

2

摄影 项羽清

3

摄影 项羽清

4

推荐公园

1 · 顾村公园

2 · 顾村公园

3 · 世纪公园

4 · 世纪公园

摄影：沈咸懿

观赏草

上海辰山植物园

上海辰山植物园是坐落于松江区的专类公园，占地 207 公顷。观赏草是上海辰山植物园特色收集类群之一，现已收集了禾本科、莎草科、香蒲科等 8 科 33 属 160 余种和品种，建成了 2.04 公顷的禾草专类园，园区结合旱溪、湿地、花境、混合花甸等应用形式，以花灌木和大型观赏草为骨架，中小型观赏草组团种植的手法，形成了集岩石花园、雨水花园以及观赏草花境为一体的野趣景观。每年 8 月中旬至 11 月中旬为最佳观赏期。

摄影 沈威懿

摄影 沈威懿

摄影 田娅玲

摄影 沈戚懿

摄影 | 沈戚懿

摄影 | 沈戚懿

摄影 | 沈戚懿

藤本

1 摄影 李爽

2 摄影 沈威懿

3 摄影 李爽

4 摄影 沈威懿

1 · 上海动物园
2 · 上海辰山植物园
3 · 上海动物园
4 · 上海辰山植物园
5 · 嘉定紫藤园
6 · 清涧公园

5 摄影 郑仁坚

6

摄影 肖怡雯

紫藤 *Wisteria sinensis*

紫藤是豆科紫藤属落叶木质藤本，奇数羽状复叶，小叶互生，具托叶，总状花序下垂，萼钟形、5 齿裂，雄蕊 2 体，是我国著名的观花藤本，全国各地均有栽培。根据紫藤的原产地，紫藤属植物主要分成三大类：中国紫藤、日本紫藤和美国紫藤。20 世纪初欧美园艺家专门进行了紫藤杂交育种。日本也利用本土的紫藤进行系统间杂交以及两系统内与外来系统间杂交。经过园艺工作者多年的育种，已经培育出了一系列园艺品种。目前上海常见的紫藤品种有，紫藤、“丰多”紫藤、“白花”多花紫藤、“玫红”多花紫藤、“阿知”多花紫藤、“熊野”多花紫藤等。

摄影 | 郑仁坚

嘉定紫藤园

嘉定紫藤园占地面积 1.42 公顷，整体布局既具有中国山水园林特色，同时也融入了部分日本造园风格。目前园内共有 33 个品种、94 株紫藤组成 1 500 平方米的紫藤长廊，花色丰富，形态各异。花穗长度一般在 60~90 厘米，最长的可超过 150 厘米。除了常见的紫色外，还有蓝紫、粉色、白色等不同品种。每年 4 月紫藤最佳观赏季到来的时候，都会吸引大量市民游客前来公园赏花。紫藤花开得空幽而烂漫，春风吹过，宛如彩色风铃一般随风拂动，一串串花朵从木架倾泻而下，摇曳出淡淡花香，让人不禁感叹：最美人间四月天！

摄影 郑仁坚

摄影 郑仁坚

摄影 郑仁坚

摄影 郑仁坚

摄影 上海市闵行区绿化园林管理所

1

推荐公园

1 · 古藤园
2 · 紫云廊
3 · 紫云廊
4 · 古藤园

摄影　王艳红

2

摄影　王艳红

3

摄影　上海市闵行区绿化园林管理所

4

摄影 肖怡雯

藤蔓植物

清涧公园

清涧公园是坐落于普陀区的社区公园，占地 1.96 公顷。清涧公园以藤蔓植物为公园特色，其中有凌霄、紫藤、藤本月季、木香、鸡血藤、南蛇藤等 17 个品种，共计 481 株。公园金鼎路大门即以木香构筑花架，周边配以霹雳和扶芳藤构成的绿墙，凸显出公园藤蔓特色。园内随处可见各类藤蔓植物区，春季日本紫藤区域展现梦幻紫，夏季凌霄通道恣意绽放、妖娆傲娇，月季廊架绚丽多彩在春末夏初博人眼球，还有薜荔、扶芳藤、络石等植物的巧妙运用均为公园增色不少。

紫藤、月季、凌霄为落叶藤本，在园林中起到观叶、观花、闻香、遮阴的作用，因此在养护中做好生长期修剪，对过密的萌蘖枝进行疏枝、剥芽、修剪，施复合肥、液肥。对缠绕茎修剪，通风采光，抑制其顶端优势，促进生殖生长，使其长势合理，提升美观。12 月中旬至来年 2 月下旬冬季施基肥，冬修，藤架盘扎塑型，对过密骨架枝条进行合理调整。4~10 月做好病虫害防治、肥水管理。木香为常绿藤本，花后生长茂盛，因此要注重控制其整体长势，花后为快速生长期，对长势旺盛的枝条进行修剪控制，保持良好的花墙形状；同时及时修剪残花，控制结果量。软枝黄蝉为常绿藤本，生长期做好水肥管理，观察其生长情况，做好枯枝和老枝的清理更新，保持良好的整体面貌。

摄影 肖怡雯

摄影 肖怡雯

摄影 肖怡雯

摄影 肖怡雯

摄影 肖怡雯

摄影 | 居安

1

摄影 上海市闵行区绿化园林管理所

2

摄影 费扬

3

推荐公园

1 · 蔓趣公园
2 · 闵行公园
3 · 顾村公园

水生植物

1 上海古猗园
2 上海动物园
3 上海辰山植物园
4 上海古猗园
5 滨海公园
6 上海醉白池公园

荷花 *Nelumbo nucifera*

荷花是莲科莲属多年生水生草本植物，目前全球荷花品种近 2 000 个。世界上莲属植物仅两种：一种是分布于亚洲东部和南部至澳大利亚北部的亚洲莲；另一种是分布于北美洲至南美洲北部地区的美洲黄莲。荷花不仅是中国的传统名花，印度和越南的国花，也是世界上著名的观赏、食用和药用植物，具有十分重要的经济价值和文化价值。荷花花色丰富，有红、粉、白、黄、复色等。一般情况，6 月中下旬为始花期；7 月至 8 月进入盛花期；9 月上旬为末花期；果熟期从 7 月下旬至 9 月中旬，同时也是地下茎膨大和充实期；9 月下旬开始进入叶黄期；10 月中旬后进入休眠期。荷花是水景园林中挺水植物的重要材料，被广泛应用于园林水景中，上海大多数公园水域都有种植，常见品种有太空莲 36 号、建选 17 号、单洒锦、西湖红等。

摄影 李爽

2

摄影 沈戚懿

3

摄影 上海古猗园

4

摄影 黄佳馨

5

摄影 上海醉白池公园

6

摄影 上海古猗园

摄影 上海古猗园

摄影 上海古猗园

摄影 上海古猗园

上海古猗园

上海古猗园是坐落于嘉定区的江南古典园林，占地约10公顷。作为“上海荷花睡莲展”的主展区，共有荷花品种500余种，其中塘栽面积约4 000平方米，有西湖红莲、太空莲、红建莲等，缸栽荷花约4 000盆。最佳观赏期为7月。同期园内会举办“上海荷花睡莲展”，数千盆荷莲新优品种汇聚在一方园林之内，与亭台楼榭桥相映成景，通过水景植物展示、名优品种展示、植物造景展示、文化活动，将荷莲文化与古典园林完美融合，向游客呈现中国传统文化和古典园林清荷雅趣的独特魅力。

推荐公园

1 · 顾村公园
2 · 滨海公园
3 · 上海醉白池公园

摄影 费扬

1

摄影 许伊望

2

摄影 上海醉白池公园

3

摄影　费扬

4

摄影 张宪权

5

摄影 上海醉白池公园

6

摄影 沈威懿

7

摄影 施亮敏

8

推荐公园

4 · 顾村公园
5 · 上海辰山植物园
6 · 上海醉白池公园
7 · 上海辰山植物园
8 · 黄兴公园

专类

药用植物

上海植物园

上海植物园草药园占地2公顷，位于园区东南角，始建于1979年，2012年改建。药用植物，是指医学上具有防病、治病功能的一些植物。该类植株的全部或部分组织供药用或可作为制药工业的原料。药用植物种类繁多，各植物类群（被子植物、裸子植物、蕨类植物、苔藓植物）都有药用植物的物种存在。《本草纲目》是16世纪以前最具有权威的一部关于中医药学的专著。之后，世界各地的植物学领域以及中西医药相关领域都对药用植物进行着长期的跟踪与研究，为人类健康长寿做出了巨大贡献。药用植物离我们很远也很近，我们的身边到处都有药用植物，比如生活中常见的药食两用植物：蒲公英、枇杷、山楂、苦瓜、冬瓜、白果等。草药园收集可在上海地区露地种植的药用植物900余种（含品种），为专业院校和科研机构提供实习、交流的平台。

摄影：上海植物园

摄影　上海植物园

摄影　上海植物园

摄影　上海植物园

摄影　上海植物园

摄影　上海植物园

海派盆景

上海植物园

上海植物园盆景园于 1978 年正式成立并对外开放，占地 4 公顷。其实早在 1954 年龙华苗圃（上海植物园的前身）创立之初，就已经大量收集并制作盆景，成立了盆景园，从而成为海派盆景的发源地。目前，园内汇集了以海派盆景为主的精品盆景数千盆。海派盆景秉承了中国的绘画艺术“师法自然，苍古入画”要旨，兼收并蓄了其他各个传统流派的长处，自创了一个盆景艺术的流派。是世界植物园中盆景收藏最丰富、质量最好的盆景园之一，也是上海植物园的特色和“名片”。

摄影 上海植物园

摄影　上海植物园

摄影 上海植物园

摄影 上海植物园

摄影 上海植物园

摄影 上海植物园

摄影 上海植物园

摄影 上海植物园

附录 *Appendix*

2020~2022 年
公园特色植物区成果展示名单

序号	所属	公园名称	2020 获评	2021 获评	2022 获评	推荐观赏植物
1	直属	上海滨江森林公园	杜鹃	月季		八仙花
		上海植物园	药用植物	石蒜	海派盆景	梅花、樱花、玉兰、桂花、槭属植物（红花槭、鸡爪槭等）、海棠、琼花
		上海共青森林公园	八仙花		鸢尾	玉兰、琼花、槭属植物、石蒜
		上海辰山植物园	月季		观赏草	樱花、玉兰、八仙花、鸢尾、石蒜、紫藤、荷花
		上海古猗园	荷花			蜡梅、牡丹、八仙花、桂花、梅花、竹子、杜鹃
		上海动物园				荷花、紫藤、樱花、木绣球、月季、垂丝海棠
2	嘉定区	嘉定紫藤园		紫藤		
		秋霞圃			槭属植物	
		小河口银杏园				银杏
		上海千年古银杏园				银杏
		汇龙潭公园				枫杨（古树）
		紫云廊				紫藤
3	闵行区	莘庄公园	梅花			蜡梅
		闵行文化公园		玉兰		
		红园				槭属植物
		古藤园				紫藤
		闵行公园				藤蔓植物（凌霄）
4	浦东新区	世纪公园		梅花		樱花、玉兰、蜡梅、粉黛乱子草
		世博公园			银杏	
		济阳公园				槭属植物、杜鹃
		张衡公园				鸢尾
		蔓趣公园				藤蔓植物

（续表）

序号	所属	公园名称	2020 获评	2021 获评	2022 获评	推荐观赏植物
5	虹口区	彩虹湾公园		粉黛乱子草		
		鲁迅公园			樱花	槭属植物
		爱思儿童公园				红花槭
		曲阳公园				月季
		江湾公园				八仙花
		和平公园				鸢尾
		凉城公园				木绣球
6	普陀区	真如公园		蜡梅		
		清涧公园			藤蔓植物	紫藤
		长风公园				杜鹃、月季、牡丹
		海棠公园				海棠
7	徐汇区	漕溪公园	牡丹			紫薇（古树）
		桂林公园			桂花	鸡爪槭
		徐家汇公园				玉兰
8	静安区	静安雕塑公园		红花槭	梅花	樱花
		99 广中绿地				槭属植物、杜鹃
		静安公园				悬铃木（古树）
9	黄浦区	人民公园	海棠			梅花、牡丹
		古城公园				桂花
		复兴公园				欧洲七叶树（古树）、黄荆、月季
10	松江区	方塔园	琼花			杜鹃
		上海醉白池公园				梅花、蜡梅、杜鹃、牡丹、荷花
11	杨浦区	黄兴公园		海棠		荷花
		波阳公园				八仙花

（续表）

序号	所属	公园名称	2020 获评	2021 获评	2022 获评	推荐观赏植物
12	奉贤区	泡泡公园		鸢尾		
		古华公园				梅花、荷花
13	宝山区	顾村公园	樱花			梅花、月季、粉黛乱子草、藤蔓植物（木香）、荷花
14	金山区	金山公园			古树群	
		东礁苑				八仙花
		滨海公园				牡丹、荷花
		荟萃园				月季、梅花
		龙泉港公园				海棠
15	青浦区	上海大观园				桂花、牡丹
		曲水园				牡丹
16	长宁区	中山公园				悬铃木（古树）、月季、牡丹
17	崇明区	三星海棠左岸				海棠

2020~2022 年
公园十佳特色植物区

2020年度

上海滨江森林公园	杜鹃
上海植物园	药用植物
上海共青森林公园	八仙花
上海辰山植物园	月季
上海古猗园	荷花
人民公园	海棠
漕溪公园	牡丹
莘庄公园	梅花
方塔园	琼花
顾村公园	樱花

2021年度

上海滨江森林公园	月季
上海植物园	石蒜
静安雕塑公园	红花槭
真如公园	蜡梅
彩虹湾公园	粉黛乱子草
黄兴公园	海棠
世纪公园	梅花
闵行文化公园	玉兰
嘉定紫藤园	紫藤
泡泡公园	鸢尾

2022 年度

上海植物园	海派盆景
上海共青森林公园	鸢尾
上海辰山植物园	观赏草
桂林公园	桂花
世博公园	银杏
静安雕塑公园	梅花
鲁迅公园	樱花
秋霞圃	槭属植物
清涧公园	藤蔓植物
金山公园	古树群

图书在版编目（CIP）数据

上海公园特色植物区成果 ： 2020-2022 / 上海市公园管理事务中心编著. -- 上海 ： 上海科学技术出版社, 2023.12
ISBN 978-7-5478-6388-6

Ⅰ. ①上… Ⅱ. ①上… Ⅲ. ①城市—公园—园林植物—上海 Ⅳ. ①S688

中国国家版本馆CIP数据核字(2023)第210791号

上海公园特色植物区成果2020—2022

上海市公园管理事务中心 · 编著

上海世纪出版（集团）有限公司
上 海 科 学 技 术 出 版 社 出版、发行
（上海市闵行区号景路 159 弄 A 座 9F-10F）
邮政编码 201101 www.sstp.cn
上海雅昌艺术印刷有限公司印刷
开本 787 × 1092 1/12 印张 16
字数：270 千字
2023 年 12 月第 1 版 2023 年 12 月第 1 次印刷
ISBN 978-7-5478-6388-6/S · 273
定价：138.00 元